中华烹饪古籍经典藏书

造洋饭书

［清］佚名 撰

中国商业出版社

图书在版编目（CIP）数据

造洋饭书 /（清）佚名撰 . — 北京：中国商业出版
社，2021.12
　　ISBN 978-7-5208-1554-3

　　Ⅰ . ①造… Ⅱ . ①佚… Ⅲ . ①西式菜肴－菜谱
Ⅳ . ① TS972.188

　　中国版本图书馆 CIP 数据核字（2021）第 074956 号

责任编辑：包晓嫱　杜　辉

中国商业出版社出版发行
010-63180647　www.c-cbook.com
（100053 北京广安门内报国寺 1 号）
新华书店经销
唐山嘉德印刷有限公司印刷
＊
710 毫米 ×1000 毫米　16 开　7.5 印张　60 千字
2021 年 12 月第 1 版　2021 年 12 月第 1 次印刷
定价：49.00 元
＊＊＊＊
（如有印装质量问题可更换）

《中华烹饪古籍经典藏书》
编辑委员会
（排名不分先后）

主　任

刘毕林

秘书长

刘万庆

副主任

王者嵩　郑秀生　余梅胜　沈　巍　李　斌　孙玉成

陈　庆　朱永松　李　冬　刘义春　麻剑平　王万友

孙华盛　林风和　陈江凤　孙正林　杜　辉　关　鑫

褚宏轔　滕　耘

委 员

林百浚	闫 囡	张可心	尹亲林	彭正康	兰明路
胡 洁	孟连军	马震建	熊望斌	王云璋	梁永军
唐 松	于德江	陈 明	张陆占	张 文	王少刚
杨朝辉	赵家旺	史国旗	向正林	王国政	陈 光
邓振鸿	刘 星	邸春生	谭学文	王 程	李 宇
李金辉	范玖炘	孙 磊	高 明	刘 龙	吕振宁
孔德龙	吴 疆	张 虎	牛楚轩	寇卫华	刘彧弢
王 位	吴 超	侯 涛	赵海军	刘晓燕	孟凡字
佟 彤	皮玉明	高 岩	毕 龙	任 刚	林 清
刘忠丽	刘洪生	赵 林	曹 勇	田张鹏	阴 彬
马东宏	张富岩	王利民	寇卫忠	王月强	俞晓华
张 慧	刘清海	李欣新	王东杰	渠永涛	蔡元斌
刘业福	杨英勋	王德朋	王中伟	王延龙	孙家涛
张万忠	种 俊	李晓明	金成稳	马 睿	乔 博

《中国烹饪古籍丛刊》出版说明

国务院一九八一年十二月十日发出的《关于恢复古籍整理出版规划小组的通知》中指出：古籍整理出版工作"对中华民族文化的继承和发扬，对青年进行传统文化教育，有极大的重要性"。根据这一精神，我们着手整理出版这部丛刊。

我国的烹饪技术，是一份至为珍贵的文化遗产。历代古籍中有大量饮食烹饪方面的著述，春秋战国以来，有名的食单、食谱、食经、食疗经方、饮食史录、饮食掌故等著述不下百种；散见于各种丛书、类书及名家诗文集的材料，更加不胜枚举。为此，发掘、整理、取其精华，运用现代科学加以总结提高，使之更好地为人民生活服务，是很有意义的。

为了方便读者阅读，我们对原书加了一些注释，并把部分文言文译成现代汉语。这些古籍难免杂有不符合现代科学的东西，但是为尽量保持其原貌原意，译注时基本上未加改动；有的地方作了必要的说明。希望读者本着"取其精华，去其糟粕"的精神用以参考。编者水平有限，错误之处，请读者随时指正，以便修订。

中国商业出版社

1982 年 3 月

出 版 说 明

　　20世纪80年代初，我社根据国务院《关于恢复古籍整理出版规划小组的通知》精神，组织了当时全国优秀的专家学者，整理出版了《中国烹饪古籍丛刊》。这一丛刊出版工作陆续进行了12年，先后整理、出版了36册，包括一本《中国烹饪文献提要》。这一丛刊奠定了我社中华烹饪古籍出版工作的基础，为烹饪古籍出版解决了工作思路、选题范围、内容标准等一系列根本问题。但是囿于当时条件所限，从纸张、版式、体例上都有很大的改善余地。

　　党的十九大明确提出："要坚定文化自信，推动社会主义文化繁荣兴盛。推动文化事业和文化产业发展。"中华烹饪文化作为中华优秀传统文化的重要组成部分必须大力加以弘扬和发展。我社作为文化的传播者，就应当坚决响应国家的号召，就应当以传播中华烹饪传统文化为己任。高举起文化自信的大旗。因此，我社经过慎重研究，准备重新系统、全面地梳理中华烹饪古籍，将已经发现的150余种烹饪古籍分40册予以出版，即《中华烹饪古籍经典藏书》。

此套书有所创新，在体例上符合各类读者阅读，除根据前版重新完善了标点、注释之外，增添了白话翻译，增加了厨界大师、名师点评，增设了"烹坛新语林"，附录各类中国烹饪文化爱好者的心得、见解。对古籍中与烹饪文化关系不十分紧密或可作为另一专业研究的内容，例如制酒、饮茶、药方等进行了调整。古籍由于年代久远，难免有一些不符合现代饮食科学的内容，但是，为最大限度地保持原貌，我们未做改动，希望读者在阅读过程中能够"取其精华、去其糟粕"，加以辨别、区分。

　　我国的烹饪技术，是一份至为珍贵的文化遗产。历代古籍中留下大量有关饮食、烹饪方面的著述，春秋战国以来，有名的食单、食谱、食经、食疗经方、饮食史录、饮食掌故等著述屡不绝书，散见于诗文之中的材料更是不胜枚举。由于编者水平所限，书中难免有错讹之处，欢迎大家批评、指正，以便我们在今后的出版工作中加以修订。

中国商业出版社

2019 年 9 月

本书简介

《造洋饭书》是上海美国基督教会出版社于1909年，即清宣统元年出版的。作者佚名。原书封面未用清朝年号，而署"耶稣降世一千九百零九年"，是基督教会为适应外国传教士吃西餐的需要和培训厨房人员而编写的。

本书开头是一篇《厨房条例》，着重讲饮食卫生的重要性；其后是各类西餐菜点食谱，计二十五章，二百六十七个品种或半成品，外加四项洗涤法（见本书第86、87页）。大部分品种都列出用料和制作方法，有的品种，像是中西合璧的，如用大米作原料做"朴定饭"。书中的译名，与今天常用的不同，如"小苏打"译成"唏哒"，"咖啡"译成"磕肥"等。书后还附有英文索引。

中国和外国、东方和西方的饮食文化，早就随着商业、交通、传教、外文活动的开展而逐步交流。有鉴于这本书是西方饮食烹饪相当系统地传入中国的较早记载，所以我们也把它列入《中华烹饪古籍经典藏书》，供烹饪史研究者及相关读者参考。

本书以上海美华书馆1909年重印本为底本进行了注释，未予译文。

中国商业出版社

2021年9月

目　录

厨房条例

做厨子的，有三件事应当留心。

第一，要将各样器具、食物摆好，不可错乱；

第二，要按着时刻，该做什么，就做，不可乱做，慌忙无主意；

第三，要将各样器具刷洗干净。

吃完了饭，当把器具洗净、擦干，放在原地方。若不洗不擦，不但不便，而且易坏。

还有营生①，虽不是天天要作，也该有一定的日期，或一月一作，或一礼拜一作，或隔几天一作。就像煮饭的大炉，若有油腻落上，该立时擦去；但是每一礼拜，虽无油腻也要刷一次。

碗柜，一礼拜一次，擦净灰尘；一月一次，洗净碗柜；每月一次将房里的东西搬到外边，将房子扫净，家器②擦净。

洗脸的、洗瓷器的、擦灰尘的，三样手巾必要分别明白，使后要搭在架上，不准乱丢。所用的手巾，一个礼拜一次，交给洗衣服的人洗净。

---

① 营生：指各种具体的活计。

② 家器：家庭日常用具。

所有蛋皮、菜根、菜皮等类，不准丢在院内，必须放在筐里。每日倒在大门外僻静地方，免得家里的人受病。

肉板、面板使后即擦，不准别用。

开壶①，只许烧水，不准煮别物，应该常常擦洗干净。

---

① 开壶：烧水壶。

汤

作汤的肉，该用嫩的，不要太肥。要煮出肉味，须使慢火，不要急火。煮至半成时，加盐。煮之时，必要去净滓沫。再用一些白糖，烘成黄色加上，其味必佳。用冷水煮，常滚不停。

若明日要吃汤，今日先要做成，到明日再热起来，比当日做的好。烧时加水，必用开水，不准加凉水、温水。

一、牛肉汤

用牛前小腿骨（去外皮，亦去肉贴骨皮），打碎，洗净，用水九斤、盐二大匙，煮熟，用两个时辰①，拿出肉来。另加一些盐，再用两个葱头切细，放在内，或加上红萝卜、地蛋②等物，再加烘黄的白面、榡③子作成。

二、鸡汤

用肥嫩鸡，照鸡大小，用水五六斤，又用半杯大米、一中匙白糖，盐、胡椒照各人口味加。煮一个时辰，加切好了

---

① 时辰：过去的计时单位，一个时辰即两小时。

② 地蛋：马铃薯，又名土豆、薯仔。

③ 榡（qiàn）：何意不详。

的地蛋，煮熟后，将鸡拿出，放在盘内，用煮熟的鸡蛋三四个，割作数片，放在鸡上，鸡汤放在汤碗，热吃。

三、豆汤

干豆，先浸一夜（豆多少加水多少），到明日，用浸豆的水，煮豆一点钟时候；不到十分时，加一些晰哒①；过半点钟，将浸豆的水去净，另换新水，用一斤盐肉②，一齐下上，烧熟，另加一些奶油。

四、菜汤

用萝卜两个（切好）、葱头两个、红萝卜一个（切好）、芹菜一摄③、大米一大匙、水一斤、盐一点，煮至水耗一半时，过罗④，浇在烘好了的馒头⑤片上。

五、红汤

汤牛肉三斤，切成豆子块；葱头三个，切碎；奶油二两。三样合煮。常常小心调和，不可烧焦。煮成淡红色，加水五六斤，芹菜一棵、红萝卜两三个，盐、胡椒酌用，再烧

---

① 晰哒：音译词，小苏打，学名碳酸氢钠。

② 盐肉：咸肉或腌肉。

③ 一摄：一捏。

④ 罗：同"箩"。下同。

⑤ 馒头：这里是指面包。

四点钟，用罗过出，明日，去净浮面的油，加切面烧起来，即成。

六、海蛎^①汤

海蛎一斤，加开水一斤，用叉子将海蛎取出，将水过罗，去净滓渣，将水烧起来，另加胡椒、盐。水开后，下上海蛎，加面一小匙，奶油一两，调和在内。若不用面，用外国零碎塌饼更好。再开后，拿起来，加牛奶半斤。

---

① 海蛎：牡蛎，又名蚝。

鱼

七、炒鱼

把鱼洗净，切成一寸厚二寸方，先拿盐肉七八块，煎黄。把肉取出来，留器内之油，把肉切成细小豆子块。先放一层鱼；二放外国擘①碎的饼；三放切碎的盐肉；四放胡椒、辣椒、葱花，照样一层一层放上。以后加凉水，和鱼、葱取平。烧到鱼熟，取出放在碗内，放在热处。锅内的汤，加碎饼、番柿②酱，再烧，倒在鱼上。

八、煎鱼

先洗净了鱼，揩干。拿盐、辣椒撒在鱼上；将猪油放在锅内，烧滚；把鱼先浸在生鸡蛋内，后沾上包米面③，或用馒头屑④，煎成黄色。

九、煮鱼

把鱼洗净后，拿馒头屑、胡椒、奶油调和成块，放在鱼肚内，缝好刀口，用布包好，加凉水合⑤鱼平，每鱼一斤，

① 擘（bāi）：同"掰"，下同。

② 番柿：西红柿，又名番茄。

③ 包米面：玉米面。包，应为"苞"，下同。

④ 馒头屑：面包屑。

⑤ 合：应为"和"，下同。即同之意。

加盐一小匙、醋一大匙，煮熟后，将鸡蛋丁放在鱼上，奶油汤加吁咭嘶①浇上。

十、熏鱼

熏架上擦奶油，把鱼里面放在架上，熏好后，反②鱼皮再熏，不用急火，用慢火熏。

十一、烘鱼

把鱼洗净后，用面、胡椒、奶油，用一杯水，一些奶油，烘黄。有人先拿鸡蛋清放上，后撒馒头屑在鱼上，烘熟。

十二、层花海蛳

先放些海蛳在深盆内，上放馒头屑、肉蔻、胡椒、丁香、盐，再加海蛳一层，作料一层；照样一层一层加上。另加奶油一些、酒一杯，末了一层，厚加馒头屑，烘半点钟。

十三、煎海蛳

先放海蛳在淋子③里，用水洗净，用手巾摵④干，外预备

---

① 吁咭嘶：芫荽，又名香菜。

② 反：翻，翻转。

③ 淋子：盆子。

④ 摵：通"抹"。

饼屑、胡椒，用鸡蛋、奶皮①调好，做成些小饼，把海蛎用小匙按在饼上，用滚油煎（猪油、奶油均可）。

十四、煮海蛎

海蛎五十个洗净，放在器内，烧热，加奶皮半杯、奶油一两、饼屑一个，盐、胡椒都加在内，烧到将滚就好了。有人不要奶皮、饼屑，亦可用白面一大匙调和奶油，等海蛎一热，加调和在内，可吃。

十五、海蛎饼

用鸡蛋四个打好了，加牛奶半斤、白面一斤，调和起来，用大匙挖起，加一个海蛎，倒在鳌盆②内，煎成两面黄色（一匙调和做饼一个）。

十六、海蛎荷包蛋

鸡蛋六个打好了后，加奶皮半杯，再打起来；放些胡椒、盐，先把十二个海蛎③，鳌盆内先用热奶油，把鸡蛋放上，再把海蛎一个一个放上，等蛋煎黄一半，叠上就好。

---

① 奶皮：指干酪，又名芝士。

② 鳌（áo）盆：煎锅。

③ 先把十二个海蛎：这里文句不清，疑有脱字。意思可能是用胡椒、盐将海蛎拌匀。

肉

煮肉法：煮肉要用滚水合肉取平，若用水过多，肉味不全，若露肉在汤外，肉必干少味；煮肉用慢火，一火成功，不要停火再滚，不要过滚凶猛，若是滚的凶，肉必硬小。滚的时候，要去净浮沫、血滓。若不去净滓沫，必不鲜明，味亦不好。煮肉一斤，要用二十分时候，天寒，时候长些。煮盐肉，时候更长些。煮肉的锅盖，不要过大过小，要用合式①。肉不要贴锅底，若贴锅底，肉必焦。不要常用刀叉试看肉的生熟，若常试看，肉味必走。滚时，加一些盐，容易去滓沫。鲜肉用热水，盐肉用凉水。

十七、煎肉

用干净新鲜好油，不要有盐在内。不论要煎什么，必先热起油来。试验油的法子，先用馒头一点煎成黄色，一拍焦脆，其油必好。若馒头煎焦黑，其油太热。炉内的火不要过大，该像炭火；亦不要过小，亦②太小，其肉无色，发软不脆。煎好的时候，把肉取出来，放在漏子③上，等油篦净④。

---

① 合式：应为"合适"。下同。

② 亦：应为"若"。

③ 漏子：漏勺。

④ 篦（bì）净：沥净。

十八、熏肉

熏架上先擦牛油，猪、羊油亦好。用无烟的炭火，不要带灰。熏肉要切半寸厚，若太厚，必定外焦里生。熏架要热不要烫。熏时，亦要小心熏架，火不要太猛，怕油落火上有烟。熏的时候，要常反动^①，使肉不焦，黄色而熟。反肉，不要叉子，使肉剪^②反动，免得走味。熏好了，就擦上奶油热吃，不要等肉凉了。

十九、烘牛肉

牛肉十斤，用盐腌之。等两天，取出洗净后，用刀割几条口，就拿几片盐猪肉，蘸胡椒、丁香末、葱花，把猪肉填在刀口内，盛在器内，加半斤水、一小匙盐，入炉烘三四点钟。火若太热，用白纸放在肉上，以免焦黑。烘时，常拿器内的汤浇在肉上。烘好了以后，拿出肉来，原汤可做小汤^③。若不用盐猪肉，就用胡椒末、鸡蛋、馒头屑调和，放在刀口内。有人不割刀口。

---

① 反动：翻动。

② 肉剪：夹肉的夹子。

③ 小汤：汁。

二十、烤牛肉

用牛当腰肉一块,擦盐在肉上,挂在明火炉前,要挂平,才挂要离火远些。先烤有骨头的一面,烤熟,反过来,离火近一点。若是顶厚的,按一刻时候,烤好了一斤;薄的,快一点。烤肉时,用家具放在肉下,所出的汤,频浇在肉上。没好以前半点钟,用一点干面撒在肉上。

二十一、烘牛心

洗净后,等血出完,放在滚水内,滚到十五分时候,拿出来,倒摆着,等水流出来。拿馒头屑、胡椒、盐、牛油、鸡蛋(一个),调和放入心孔内,乘热①盛在器内烘,常用奶油擦上。烘热,拿出来,原汤好作小汤。

二十二、牛肝

切成片(半寸厚),先用滚水一浇,取出来,再拿两三块盐肉,沾上白面,同牛肝熏。牛肝熏好了,切成小块,放在鳌盆内,加胡椒、盐、奶油,煮三四分时候。亦可把牛肝切成片,用开水一浇,取出来,煎了吃。

---

① 乘热:趁热。

二十三、熏牛腰子

切成片，熏好了，加奶油、盐、胡椒。要小心，火力不用太过，熏熟了，就拿出来，熏过了火，就硬了。

二十四、牛肉片

熏牛肉片，用后腿上的肉。先片成半寸厚的片，洗净，放在肉板上打嫩①，预备熏架，放在火上，等热了，把肉放在架上熏。常用肉剪反动，要好的时候，撒上一些盐，熟后乘热擦上奶油，就吃。流出来的汤，加水、白面，做小汤。常常小心，不要肉汁流到火上，冒烟。熏的时候，有人用洋铁盖盖之。

二十五、煎牛肉片

照熏牛肉法，片成、打嫩。鏊盆内放一些油（或猪油，或奶油，皆可）。用热油如滚，把牛肉放在内煎。用肉剪反动，熟后加一些盐，不要加水。取出后，小汤内撒上干面调和，再加热水，做小汤，放在碗盘内（此汤不要浇在肉上，用别器盛之）。

① 打嫩：打至肉质松散。

二十六、牛肉排

照前样片、打，熏十分时候，取出来，切成小长块，用盐猪肉三四块，熏一熏。先用三分厚的面饼铺在深盆内，后拿牛肉、猪肉放在盆内，加奶油、盐、胡椒（或酒，或番柿酱），烧热水，略比肉浅一点，撒一些干面在内，用一片面饼盖之，盖上开一个口，烘。羊肉排，亦照这样做法。

二十七、腌牛腿

切极薄的片，用滚水一浇，取出来，放在锅里煎。煎时常调动。另有一法，片、烧，照前法，用两三个鸡蛋调和在奶油里煎好。

二十八、牛肉阿拉马[①]

用后腿坐臀肉，用刀戳一个洞，用盐猪肉、蘸丁香、胡椒、盐填入刀口内，放在器内，加滚水，与肉取平，加两大匙牛奶盖之，煮四五点钟。煮时小心，常去血淬。煮好了，加一玻璃杯酒。有人亦加上一两个葱头煮之。

二十九、烘牛肉地蛋

煮熟几个地蛋，打碎，用一些葱花、盐、胡椒、一个鸡蛋、一些牛奶与地蛋调和，再把肉片上加盐、胡椒。用一深

① 牛肉阿拉马：煮酸牛肉。阿拉马，音译词。

盆，先放地蛋一寸厚，再加肉片一层，一层层摆好了，上面用地蛋，烘一点钟。

三十、香牛肉

用牛肉软腰，剔去骨头，腌一个礼拜；做好肉蔻、胡椒，加香料、香菜，照各人口味。把香料撒到肉上，用布包好了，放在有热水的小缸里，入炉烘之。烘热拿出来，用重石压净了水，凉后，把布拆去，凉吃，可存多日。

三十一、腌牛肉

切大薄片，卷起来，托住（用宽带子扎住），浸在凉水内，煮时小心，常去血滓，慢火煮，不要急火。熟后，拆去带子，预备红萝卜几片，放在盆边，把肉放在当中。

三十二、牛肉小炒

用熟牛肉（凉的）切成细块，加盐、胡椒、葱末、番柿酱，放在洋铁深盆内，牛肉上面加打碎的地蛋，牛奶（奶油亦好）入炉，烘二十分时候。

三十三、牛（羊）肉小炒

用牛肉或羊肉（煮熟，冷透），切碎小块，加一些水、奶油、胡椒、盐、橙子水，放在罐内，将滚即好，预备烘黄的馒头，放在盆内，把小炒倒上。或冷鸡鸭、或各样熟肉、各样熟禽，切成小块，均用原小汤，加奶油、胡椒、盐，热一热就好。

三十四、肉饼

用隔夜的各样熟肉（猪、牛、羊、鸡、鸭皆可用），把肉切成极细，用鸡蛋一个、白面调和，成饼。胡椒、盐照各人口味，配上香菜，做成饼，煎。

三十五、羊肋

羊肋条肉，剁成两截，每块肋骨两根。先把熏架上擦油，烘热，把羊肉放在架上，烘，不住手反覆。烘好了的时候，撒一些盐，先把盆子烘热，把羊肉放在盆内，擦上胡椒、奶油（熏肉煎肉都要热吃）。

三十六、煮羊腿

把羊腿割口，抽去骨头，拿馒头屑、盐猪肉、香菜、盐、胡椒，切细，放入口内，把口缝好。下在滚水里，加一匙盐，滚三点钟。滚时汤少，可加开水。

三十七、烘羊肉

先把羊肉擦上奶油、胡椒、盐，或用一些丁香。烘器内先加水，烘之。烘时拿原油汤浇在肉上，烘熟拿出来，用器内的汤做小汤。

三十八、烤羊肉

照烤牛肉的做法。

三十九、羊肉排

照牛肉排的做法。

四十、烘小猪

用七八斤的小猪（约生五个礼拜，内外洗净），预备馒头屑、盐，猪肉切碎，加香菜、胡椒、盐、牛奶半杯、鸡蛋一个，调和，放在肚内，缝好了，剁去四蹄，四腿贴身绑好，放在器内，加水不足一斤，烘之。烘时，拿盐水常浇擦。若肉上起泡，因火太猛，必要慢火，烘三点钟。烘好了，擦奶油。

四十一、猪肝

切成半寸厚的片，用开水浇。然后去了水，放在鏊盆内，加一点凉水炒，常反覆。将熟的时候，加葱花、盐、肉蔻、一点奶油，一滚就好了。

四十二、烘猪肉

用后腿或前腿，用刀把皮划成棋子块儿，加馒头屑、胡椒、盐、鸡蛋调和起来，放在刀口内。用橄榄油擦肉皮，烘三点钟。

四十三、熏猪肉

切成薄片，放在热熏架上熏，熏熟了，拿胡椒、盐撒在肉上。

四十四、猪肉地蛋

三分中一分盐肉或火腿，二分煮熟的冷地蛋。把肉切成极小的块，地蛋打碎，加一些胡椒盐，用鸡蛋一个，调和，做成小饼。放在鳌盆内，滚油煎之，或放在盆内烘。

四十五、香肉饼

把肉切成碎细，肉十二斤，用盐十二大匙，紫蓟①（外国名嘺哈）九大匙，胡椒六大匙，调和起来，做成小饼，热油煎。亦可装在猪肠子里，或煎，或煮。

四十六、火腿

煮四五点钟，取出去皮，入炉烘半点钟。撒上馒头屑，

---

① 紫蓟：紫苏。

再烘半点钟就好了。火腿肉出的油，留着后来煎肉用。

四十七、熏火腿

切成薄片，放在架上快熏，熏好了，擦上奶油、胡椒末，另煎几个鸡蛋，一个煎鸡蛋上放一片火腿。

四十八、烘鸭、鸡、鹅、忒鸡①

将此物里外洗净，用馒头屑、鸡蛋、奶油、胡椒、盐、香菜调和，放入肚内，腿、翅绑好，不要四散，入炉烘之。器内先加水，烘时，常用油汤浇。将熟以先②，用一点白面撒上。烘熟时，先拿鸡杂煮熟，切成小块，加在原汤内，再加烘黄白面、胡椒、盐、奶油，做小汤。吃的时候，有人用葡萄酱，或用平果③酱，或用山查④酱。

四十九、烤鸭、鸡、鹅、忒鸡

照前样调理好了，挂⑤在明火前烤。才挂，离火远一点，烤热了，离火近一点。烤时常掉转。另用一器放在下边接油汤，加上盐、奶油，常浇之，烤到红黄色就好了。将好

---

① 忒鸡：火鸡。

② 以先：以前。

③ 平果：苹果。下同。

④ 山查：山楂。查，通"楂"。

⑤ 挂：同"挂"。

时，撒一点白面。小汤照前做法。

五十、煎鸡

用嫩鸡切成块，摛干，用胡椒、盐擦上。鳌盆内烧热油，把面撒在鸡上，煎黄取出来。鳌盆内的油，加白面、滚水、胡椒、盐，烧一烧做小汤，放在汤船①。

五十一、熏鸡

用小鸡，割成两半，轧平胸骨，洗净擦干，放在热架上，架下炭火要明，不要带灰，常反覆，不可熏焦。熏到黄色，取出，放在盆内，加胡椒、盐、奶油。拿鸡杂做小汤，照"烘鸡"做汤法。

五十二、鸡排

将鸡切成块，加开水和鸡取平，加盐，慢滚半点钟，取出。预备深盆，铺上面皮，把鸡放上，加奶油、熟鸡蛋片、胡椒、盐，原汤调在内，撒干面，加面皮盖之，开一小口烘，怕烘焦，用纸盖在上。

五十三、煮鸡

用嫩肥鸡，切成块，放在器内，添上开水不足一斤，慢

① 汤船：汁盅。

滚，加白面一大匙，奶油一两，熟时再加胡椒、盐，连原汤倒在热盆内。

五十四、煮整鸡

将整鸡洗净，里外撒胡椒、盐，腿、翅绑好，外皮撒干面，用布包好，下在开水内，鸡和水取平，慢慢煮熟，吃时用奶油小汤。

五十五、鸡饭

将大肥鸡洗净，内外加胡椒、盐，放在器内，加洗净的大米半斤、水一斤，盖之，慢火煮。煮时见鸡饭太干，再加一些水，不要太多。熟时，将饭放在饭盆内，将鸡放在上面，加上生芹菜。

五十六、烤兔子

剥皮时，要把耳朵、尾巴都剥周全，四蹄剁去，把四条腿屈弯贴身，用铁条前后串过去，把头用小铁条从口里串进，像活时候抬头的样子。先把兔子肝切碎，加馒头屑、一点奶油、一点盐猪肉、胡椒盐、肉蔻、香菜、打好的鸡蛋一个，调和，填入肚内。烤时先用叉子叉几个小孔，用葡萄酒擦一擦，挂在火前，用面纤①子抹在外面，烤熟。揭去面

① 面纤：何物不详。

纤，拿一个生鸡蛋擦在周身，撒上馒头屑，浇一点奶油，再烤黄色，就好了。

五十七、噶唎

作噶唎，不论什么肉均可，用鸡肉的多。把鸡切开，煮熟后，将鸡放在鳌盆，加些原汤、奶油，再滚。先预备一中匙噶唎粉①、半茶杯饭、一大匙面、一大匙奶油、一茶杯原汤、半小匙盐，调和，浇在鸡上，再烧十分时候。吃时，另外预备饭，用这个鸡浇饭吃。

---

① 噶（gá）唎（lì）粉：咖喱粉。一种调味品，色黄，微辣。

蛋

五十八、鸡蛋饺

鸡蛋六个、奶皮半茶杯、火腿屑二大匙。将鸡蛋打好，慢慢加奶皮、火腿屑，胡椒、盐照个人口味，整盆加油煎之。煎黄叠成饺，一好就吃。有人加馒头屑、奶油，不用火腿屑。

五十九、水沸蛋

先把整盆内预备滚水，加一些盐，把鸡蛋打在碗里，慢慢倒在滚水里，蛋白一熟，用漏杓①取出，放在烘馒头上，就吃。

六十、鸡蛋嗌格②

先把蛋黄、蛋白分开，二人③打好。每一蛋黄内，加白糖一中匙。调和后，拿打好的蛋白，渐渐加在蛋黄内，调和起来，加酒，照各人口味，或加一些牛奶，生吃。

---

① 杓（sháo）：同"勺"。

② 鸡蛋嗌格：鸡蛋酒。嗌格，音译词。

③ 人：原文如此，疑为"者"，即两者。下同。

六十一、炒鸡蛋

先预备干净鏊盆，用净油烧热（猪油、奶油皆可），把鸡蛋打好，放在热油内，加盐，用匙调和，一熟就吃。

小汤

六十二、奶油小汤

用奶油四两，冷水五大匙。先拿白面二大匙，调在奶油内。将这三样盛在器内，把器放在滚水里，一滚，加切碎的鸡蛋、咿咭嘶，调和。吃这个汤，必要同别样肉吃（煮熟的牛、羊、鸡、鸭、鱼，各样肉）。

六十三、各样肉小汤

不论什么肉，切成小块，放在鏊盆内，加胡椒、盐、奶油，炒半点钟，炒成黄色，不要炒焦。再加滚水（一斤肉加半斤水），滚到三点钟，常去滓沫，将汤篦出放好。要用时，加一小匙烘黄的干面（一茶杯汤加一小匙干面），再烧（用鸡蛋大一块奶油、一大匙糖、炒黄、加一些干面，此汤不论加在什么汤上都好看，大小汤用的干面，必先烘黄，好看）。

六十四、火腿小汤

用剩下的火腿屑砸碎，把骨头亦砸碎，均放在鏊盆内，加半斤水，不论什么香菜，烧之；再加两茶杯牛肉小汤、胡椒，再烧。篦出汤来，放好，以后作小汤时，将这个汤加上。

六十五、黄小汤

拿吃剩下的肉（不论什么肉）切小块，放在碗内，倒开水与肉取平，留到明日。烧二三分时候，篦出汤来，要吃的时候，另加黄干面，热起来吃。

六十六、鸡蛋羹

熟蛋黄二个，打碎，加一小匙芥末、一些胡椒、盐、三大匙橄榄油、一大匙番柿酱，调和，加在鱼上或生菜上。

六十七、芹菜小汤

用五六棵芹菜，切开，加一茶杯热水烧熟；再用一小匙盐、鸡蛋大一块奶油、二小匙干面，加入牛奶内，下在芹菜汤内，一滚就好，同煮的肉一齐吃（不论什么肉）。

六十八、番柿酱

大约用七八斤番柿，洗好拣净，放在器内烧。烧时，加二大匙盐，滚一点钟，有人加葱，烧熟，篦出汤来，照个人口味加香料末（用布包之）。

六十九、薄荷小汤

拿一把薄荷叶洗净，切碎，加半茶杯醋、四两糖，三样拌和，同烤羊肉吃。

菜

七十、煮各样菜

不论什么菜，必用新鲜的（不要隔夜）。煮时，用开水快滚，不要打碎。菜叶要洗净，去老叶，仔细看菜上虫子。

七十一、煮萝卜、茄子、黄瓜、葱头等类

只用一点滚水、盐，烧熟，加一些奶油、胡椒，可吃。另有黄瓜，一破四块（去皮去子），加滚水、盐，煮熟后，加胡椒、奶油，取出时，漏去水。

七十二、外国红萝卜

洗净（留皮，不用刀割）囫囵①放在开水内，加一些盐，煮熟后，用凉水浸之（容易剥皮），切成毂轮②片，用醋、盐、胡椒、冰糖，调和，浇上吃。

七十三、各样瓜

（南瓜、北瓜、玉瓜、冬瓜等类，嫩时做法）

若小瓜可整煮，大瓜切开去子，煮熟后漏去水（这个

---

① 囫囵：整个。

② 毂（gǔ）轮：车轮。

水好作引子打碎），用奶油、胡椒、盐吃。另有切成片，煮熟，等冷时，煎之吃。

七十四、鲜豆类

用不多开水，加盐煮（煮一点半钟或二三十分时候，照豆的老嫩），煮熟，加奶油、盐吃。

七十五、陈豆类

用温水浸一夜，明日去水，再加开水煮时，加盐肉一块同煮。熟后取出，放深盆内，加一些原汤，将盐肉皮切成棋子块，放在盆内，汤与豆取平，烘之。

七十六、煎茄子

茄子切成片，凉水内浸一点钟，取出来沾干面，加胡椒、盐，煎。另有一法，洗净了，煮，取出穰①子，打碎；川鸡蛋打好，馒头屑、胡椒、盐、奶油，调和，做成小饼，煎。

七十七、番柿

好番柿，用开水浇，剥皮，切开，放在器内。加一杯馒头屑、一小匙胡椒、一大匙盐、一些葱花、二大匙奶

① 穰：同"瓤"。

油，滚两三点钟，将好，用两三个鸡蛋打好，加在内。亦可加一点糖。

七十八、烘番柿

照前剥皮，加馒头屑、奶油、胡椒、盐、糖，放深盆内，烘。

七十九、包米

放在滚水里煮；另一法，先用豆煮半点钟（用开水加盐煮），加包米，再煮半点钟（二分包米一分豆），将好时，加干面调之，再加奶油、胡椒、盐，吃。

八十、烘包米

拿嫩包米擦铇①，加鸡蛋、奶油、胡椒、盐，调和，放在盆内，烘。

八十一、地蛋

剥去皮，放冷水内，拢总剥好，捞到滚水内煮。熟后，去汤，将地蛋摇动摇动，等气出完发干，撒一些盐。吃饭时，取出来吃。

又一法，把地蛋洗净，放开水内（水与地蛋取平），

---

① 铇（bào）：同"刨"。

滚时直到熟，不要停，不用急火。若用急火，地蛋容易碎。水内加盐，一熟就去水，若不去水，地蛋发湿，不好吃。有人烧好去皮吃；有人把地蛋打碎，加奶油、胡椒、盐，烘之吃；有人做成饼，煎之吃。

八十二、地蛋片

冷地蛋切成片，鏊盆内加奶油，等奶油滚时，加一匙面、一杯开水，下上地蛋，加胡椒、盐，再烧五分时候，离火，用一个蛋黄、一大匙冷水，打好，加在内，调之。

八十三、煎地蛋

拿冷地蛋切成片，撒胡椒、盐，煎之。

八十四、地瓜

烘地瓜，洗净，入炉，烘之。煮地瓜，煮熟后剥皮。吃剩下的，留到明日，切片煎之吃。生地瓜亦可切片煎（切片要直丝切），削去皮，放烘肉盘内，一齐烘。

酸果

做酸果的傢器，不用铜铁，要用瓷器。

八十五、酸黄瓜

把小黄瓜洗净，放在盐汤内（试盐汤即放上鸡蛋，鸡蛋不沉底为度），上用重器压黄瓜落底，浸九日取出，用冷水洗。用青菜叶铺器底连周围，把黄瓜放在内，加一半醋、一半冷水，与黄瓜取平，用青菜叶盖之。放在微火上，热一热（不要滚起来，一滚就不好了），黄瓜一青，取出来，揩干，装大口玻璃瓶内，加一大匙糖、白矾、香料，照各人口味，用醋将瓶灌满，封瓶口。

八十六、酸辣椒

用青辣椒一百个、一斤半盐，滚水浇之，浸两天，取出来。用小叉叉破，流净了水，揩干，装玻璃瓶内，加丁香一两、白矾一点，用醋灌满瓶，封口。

八十七、酸桃

用半生半熟的桃，冷水洗净，把毛擦去，装瓶，加丁香、一点糖，用醋灌满瓶，封好了口，等两三个月吃。

八十八、葱头

用一半牛奶、一半水，滚起来，把葱头剥皮放在内，滚十分时候，取出装瓶，加香料，用热醋灌满，等冷后封口（不论什么酸果的醋常察看，见有白翳毛，把醋倒出，烧之，再装瓶内）。

八十九、酸番柿

拿半斗番柿，洗净，用叉挑起，扎破，放于器内，一层番柿，一层盐，等两天取出来。用净水洗好，装入泥瓶内，一半冷水、一半醋，灌满。等一天，再加丁香半两、胡椒半两、芥子一杯，把瓶内的水醋倒出，一层番柿，一层香料，装好，再灌满了醋，封口。

九十、青番柿

拿半斗青番柿，洗净，切片，用一把葱头切细，加入一些盐。到明日，加白糖二斤，煮好，再加香料，照各人口味。再烧一烧，装瓶，冷后封口。

九十一、酸樱桃

将樱桃洗净装瓶，用一斤醋一斤糖，烧之，将沫撇去，加香料，照口味。等醋冷时，倒于樱桃内，封好了瓶口。

九十二、香果

不论桃、梅、李果，做法俱照作糖食法，将好时，加香料、醋，照各人口味。做好装瓶，等冷时封口，可同肉一齐吃。

糖食

九十三、糖桃

将半生半熟的桃，去皮去核，一斤桃一斤糖，放在器内，一层桃，一层糖，次日取出。将糖汤内加鸡蛋白一个，熬一熬。熬时去净浮沫，熬到无沫时，将桃加上，熬，熬到像碎的样，取出摆在盘内。晒二三点钟时，再烧一烧，熟后放于大口玻璃瓶内，拿糖汤灌满，加一些丁香。用一块纸，照瓶口大小，浸于凶酒①内，等桃冷透，放于瓶口内，封之。

九十四、酒桃

将半生半熟的桃洗净，用针每桃针一孔，放在礶②内，加冷水煮，煮到用草棍能刺进去，就好了。取出来，原汤加糖，一斤桃加半斤糖。另加打好的鸡蛋白，烧到明净。乘热加凶酒（糖浆三分内加二分凶酒），将桃放于瓶内，将原煮的汤装满，封口。

九十五、杏、梅

照糖桃做法。

① 凶酒：这里指白酒。

② 礶（guàn）：古同"罐"。

九十六、梨

将梨去皮核，加水取平，煮到热（即用草棍刺入即好），取出（原汤或用或不用）。梨若干，加糖若干，一斤糖加冷水一杯，加洋菜①（十二斤糖加半两洋菜），加一些开水。糖加洋菜熬起来，去净浮沫，熬到明净。加上梨再熬，加一些丁香，熬热，取出，装瓶，冷时封口（封时先用酒浸纸贴口，另外封好）。

九十七、花红②平果

香柿、梅、李、樱珠③、葡萄皆同做法。

将平果切成两块，去皮核（花红去皮留核），果一斤加糖一斤、加冷水一杯，或加洋菜、蛋白，熬之。去净浮沫，等糖明净，将果加上，煮半点钟，取出来。晒两点钟，再煮，熟时加丁香。滚的时候，不要急火，装瓶时，亦用酒浸纸贴口，另外封好。

九十八、西瓜皮

削去外皮，切成花样，一层瓜皮，一层盐，放在器

---

① 洋菜：鱼胶片。

② 花红：别名小苹果、沙果、文林郎果、智慧果、林檎。是蔷薇科、苹果属落叶小乔木，叶卵形或椭圆形，花粉红色。果实球形，黄绿色带微红，果皮脆而韧，果肉黄白色，有清香味，是常见的水果。

③ 樱珠：樱桃。

内，加满了水，等七八日，取出来洗；器底连周围铺菜叶，加一些白矾，把瓜皮放上，加冷水，与瓜皮取平，上盖青菜叶；慢火煮，煮到嫩时，取出来，照煮花红平果的样，预备作料加上，将瓜皮煮熟（煮时拿出来，晒二次，不要瓜皮煮烂）。

九十九、桔子[①]

用香港的桔子，慢火煮嫩。另外，照煮梨的样子，加糖、加水，做好了汤，倒在桔子里，等到明天，一齐再煮。熟后放于器内，封之。

一〇〇、烘平果

将大平果剥皮、挖核，孔内加糖、香料，放于深盆内，加一点水，入炉，烘之。梨亦可照这样烘。

一〇一、煮平果花红

将果去皮，切成四块，去核，放于器内，果子一斤糖半斤，加一点水，湿过糖来为度，煮熟，冷后，加牛奶，可吃。桃亦可照这样煮，不用加水。杏照做桃的法煮。

---

① 桔子：这里指广柑。

一〇二、平果丝

将平果铇成丝，亦将馒头铇成丝，加打好的鸡蛋两个、牛奶半斤、糖一些，不论什么香水，加上，调和，烘熟，热吃，做点心。冷的晚上吃，加牛奶。别的水果亦可照这样做法。另有一法，拿小缸一个，装一层平果，一层大米，一层糖、香料，装满，加面皮盖之，烘，花红亦可照这样做。

一〇三、平果花红酱

拿花红捣碎，取汁，烧到半干。将平果去皮，切开，煮，熟后装瓶，封口。

一〇四、桃、梅、李各样果干

将水果干洗净，冷水浸二三点钟，用原水煮，如水不足，再加冷水取平，一斤果干加四五两糖，煮熟吃。

一〇五、平果花红冻

用顶好的平果、花红，洗净，揩干，不去皮核，只去蒂靶①，切成小块，放于器内。加水与果取平，煮烂，取出，装在小口袋内（白绒布作袋），取出浆来，把浆放于器内。半斤浆半斤糖，再加橙汁、打好的蛋白一个，若滚起来要沸，加一点冷水，煮熟，装瓶。等冷了试验，若不好，再

---

① 靶：通"把"。

煮，常去浮沫，煮到成冻即好。上一层清的，装瓶，下一层稠的，再装口袋过出来^①装瓶。别的水果亦可照这样做法。

一〇六、葡萄冻

拣选好葡萄，用手捻^②破，装小布袋内取汁。两茶杯汁加糖一斤，打好的蛋白，煮之。五斤糖用一个蛋白，去净浮沫，等到成冻即好了。装瓶，冷时封口。

一〇七、桃马马来^③

将熟桃去皮、核，切成小块。桃一斤加糖一斤，入器煮，常搅和，成酱，冷后装瓶，封口。不论什么糖果、糖浆、果冻，装瓶以后，看瓶发泡，要再煮。若不煮，必酸。

一〇八、平果马马来^④

将平果花红去皮、核，切为小块。平果一斤加糖一斤，先把糖入罐（糖一斤加冷水一杯、五斤糖，用蛋白一个），煮时，常去浮沫，煮到无沫发清，下上平果，再加橙汁两个，烧滚，搅和，到熟，装玻璃瓶，冷后封口。樱、桃、李、杏、梨均可照这样作法。

---

① 过出来：疑有脱字。意思是装口袋取浆。

② 捻：捏。

③ 桃马马来：桃酱。马马来，音译词。

④ 平果马马来：苹果酱。

一〇九、多罗蜜^①马马来

将多罗蜜去皮,切成细末。多罗蜜五斤加糖三斤,烧时,搅和,到熟,冷后装瓶。

一一〇、桔子马马来

每糖五斤,用蛋清一个、冷水五杯,烧滚,常去浮沫,烧至清后,用香港的桔子十二个、橙子两个、桔皮七个(铇碎),和去皮、核、筋的桔橙(斤数与糖同)一齐下上,滚时,常搅和,到熟,约烧半点钟即好。

一一一、木瓜^②冻

将熟木瓜洗净,有烂的挖去,不去皮、核,切成小块,放于罐内。约木瓜三斤加冷水两杯,煮到嫩时,取汁。两杯汁加糖一斤,五斤糖加蛋清一个。熬时,去净浮沫,取出试验,入冷水成冻即好。装大口瓶,冷后封口。

一一二、桔冻

用香港桔子八个、橙子六个,压出汁来,用一半皮铇碎,浸在两杯水里。浸二刻时候,加上桔汁,又加糖十二两^③、洋菜一两五钱,滚一刻时候,用白绒口袋过出来,冷

---

① 多罗蜜:菠萝,又名凤梨、黄梨。

② 木瓜:指华南所产的番木瓜。

③ 十二两:以旧秤十六两为一斤计。

后吃。

一一三、洋菜冻

用洋菜二两，放深盆内，用冷水浸半点钟，去冷水。用开水一斤半，温时加橙汁，铇好的橙皮一个、糖一斤半、鸡蛋清三个，打好，调和起来。煮时不要搅和（若搅和即不冻了），煮二三分时候，离火，等一分时候，用白绒口袋过出来，加酒三杯，倒在冻模内，冷后吃。

一一四、西洋菜^①冻

用西洋菜一两，浸在两杯冷水内，半点钟，加两杯开水，调化，加冰糖半斤、葡萄酒四杯、鸡蛋清两个，打好，调和起来，等糖化后，熬（熬时不要搅和）。滚三分时候，离火停二分时候，用白绒口袋潻^②一潻，取出模子来，倒在玻璃盆内吃。

一一五、哒吡沤格^③冻

拿一杯哒吡沤格，洗三四次，加三杯水，浸五六点钟，煮。若水不足加上一点，煮成时，像清水，再加酒、橙汁、

---

① 西洋菜：琼芝脂，又名大菜。

② 潻（tā）：意思是稍微吸一下水分。

③ 哒（dā）吡（bī）沤（ōu）格：上海人说的大西米。以木薯淀粉、树葛粉为原料。

糖，照个人口味，再烧，熟后，倒于玻璃杯内吃。

一一六、碎榖^①冻

把一杯碎榖洗二次，浸于三杯水内，一点钟时，加一点盐、一根桂皮。煮时常搅和，调的时候，加酒、糖，照口味，再烧一烧，放于玻璃杯内，冷吃。

一一七、洋菜点心

拿一两洋菜、两小杯水、一个蛋清，熬时不要搅和，等洋菜化了，倒在绒口袋内过出来。加冰糖四两、牛奶半斤、盐一小匙，不论什么香水，再熬，要搅和（滚四五刻工夫），倒在冻模内（冻模必要先浸在冷水内）。

一一八、牛蹄冻

用四只牛蹄，去毛壳，洗净，加水六斤，煮到水耗一半，留到明日。去上面的面油，用布擦冻，拿出底下的蹄，化冻。加三个橙汁、两小杯酒、四个鸡蛋，加糖，照个人口味。烧十分时候，离火停二分时候，装绒布袋过出来，倒在冻模内，冷吃。

---

① 碎榖（gòu）：西谷米，由某种棕榈的木髓制成的白色淀粉粒。

一一九、外国备果 [①]

拿面皮铺排盆内，将备果装满，加一些糖，用面皮盖之，烘。若不用面皮作盖，就把面皮切成条，做棋子块，盖上，烘。

[①] 备果：何物不详。

排①

一二○、小儿排

用一个深盆，将平果或花红去皮、核，切成四块，堆于盆内，加一杯糖浆、三大匙糖，撒上干面，再用面皮盖之（烘一点半钟）。

一二一、平果花红排

把排盆四周连底，铺上面皮，把平果花红去皮、核，装盆内，加一些桔皮，用面皮盖之，烘熟。把盖揭起来，加糖、肉蔻、奶油一些，再盖严，热吃。另一法，先把平果花红煮熟做好，加香料、糖、奶油，然后烘。其余，照以上做法。

一二二、熟果排

拿面皮铺好了深盆，桃要去皮，若梅、樱桃一类水果，要洗净，放在盆内，一层水果，一层糖，装满，用面皮盖之（烘一点钟时候）。

一二三、杏子排

照前法铺盆，用十八个杏，每个掰成两半，去核放于

---

① 排：通今"派"。

盆内，加糖四两、奶油四两，用面皮盖之。用鸡蛋清擦刷盖上，撒上糖粉，烘黄，乘热吃。

一二四、地瓜^①排

地瓜煮熟，约四两，打碎用漏子过出来，用糖四两、奶油二两、鸡蛋两个、酒一酒杯、香料末一小匙调匀，加地瓜，调和，放在铺面盆内。再把面切成条，摆棋子块，烘熟，撒冰糖末在上面吃。桃干、平果干，亦照这样做法。

一二五、山芋片

（山芋即地瓜）拿深盆铺面，煮熟山芋，切成直片，一层山芋片，一层糖、香料。装满深盆，加二大匙醋、一杯冷水、奶油（核桃大一块），用面皮盖之，盖上做花纹，又用蛋白擦上面，烘熟，乘热吃。

一二六、花红酸排

不论花红、平果、生梨，煮熟，打碎，用漏子过出，加糖、玉果^②、桂皮。平果不酸，加一个橙汁，装于铺面盆内，上面做棋子块，盖之。

---

① 地瓜：甜番薯。

② 玉果：别名肉蔻、豆蔻、肉果等，是药食两用食物。

一二七、酸桃排

拿熟桃，去皮、核，切碎，加糖，等糖化有桃汁再煮。煮时加桃叶一撮，煮熟离火，取出桃汁。冷后，把噗呋①面预备在不论什么盆内（照个人所喜之盆），先烘熟，后冷，又加牛奶于桃内，把桃装噗呋盆内（作噗呋面之盆，可加不论什么糖食，均可吃）。

一二八、英法排

用大米一斤，加糖煮熟成饭（或用糯米亦可），拿樱桃一斤，加糖四两。汤盆四边加噗呋面，把樱桃四分中一分，放汤盆内；亦加甜饭四分中一分，加在樱桃上。层层装满，当中高起来，像馒头样。上盖噗呋面，擦鸡蛋清在上，再撒白糖，烘。

一二九、饭瓜②排

饭瓜去皮、去子，煮熟，打碎，用漏子过出，冷时，加牛奶成粥。牛奶一斤，加鸡蛋三个，糖、桂皮、姜末照个人口味加，再加盐一点，装铺面盆内，上盖棋子块，慢火烘。烘到饭瓜厚，即好。

---

① 噗（pō）呋：用面和奶油制成。

② 饭瓜：方瓜、南瓜，又名番瓜。

面皮

一三〇、作面皮法

一斤半白面、半斤奶油（猪油亦可），把一半奶油调在面内（或用手拌或用匙拌皆可），加冷水一杯，调起面来，用赶①杖向外赶薄。不要向里赶。余外一半奶油，擦于面上，随擦，随赶，赶到奶、油用完。

一三一、噯呋面皮法

照前法，一斤面、一斤奶油。作的时候，擦油，撒面，快赶。必要小心，不要见热气，快快赶开，不然就粘②了。

一三二、地蛋面皮法

把地蛋煮熟，打碎，一半面、一半地蛋，用酸牛奶做成，加半小匙唒哒，赶薄了用。

一三三、排面皮法

一斤面、四两奶油（猪油亦可），加半小匙唒哒，拌于面内。加一小匙酸糕，和在冷水内，调面，做成面皮。

---

① 赶：应为"擀"，下同。

② 粘：同"黏"。

朴定①

一三四、饭朴定

拿两茶杯饭、三个打好的鸡蛋、一杯牛奶、半大杯糖，香水、香料末照口味加上，拌和，装朴定盆内，烘。

二法：把米洗净，煮一刻时候，加盐，篦去饭汤，加牛奶煮成厚粥，盛在几个茶杯内，冷后，将各杯内粥倒于大盆内，每个用小匙挖一个洞，加上糖食，拿冷喇嘶呔②倒在上面。

三法：照第二法做厚粥，冷后切成片，放于朴定盆内，一层冻粥，一层铇好的平果、糖、香料，层层加满，把厚粥盖在上面，用匙摊平，烘三刻时候，平果熟时可吃。不用平果、花红，可用桃、梨等果，烘之。

一三五、雪球

拿一小方布，浸于水内，取出铺好。把洗净的糯米，铺约五分厚，加水果包起来，煮（像中国粽子）。

---

① 朴定：音译词，今译作"布丁"。

② 喇嘶呔：音译词，冻吉士。

一三六、劈格内朴定①

把朴定盆擦奶油，用片薄的馒头摆在内，一层桃子，一层糖，层层加满。拿馒头片抹上奶油，把盆盖之，再加一个盘子扣住，烘滚，去盘，烘到熟，冷吃。

一三七、葡萄干朴定

鸡蛋十二个，打好，加糖、牛奶二斤半、葡萄干半斤（切开去核）、铇好桔皮末一个，拌和，放于朴定盆内，上用馒头片盖之，抹上奶油。另铇一些玉果撒上，把朴定盆放在热水器内烘，厚时即好了。

一三八、朴兰朴定②

一斤番葡萄干（拣净）、一斤葡萄干，切开去子，四两西顿糖，切开，加白面、捻碎，加一斤馒头屑、半斤生牛油（切碎）、一小匙盐、一大杯白糖、一杯牛奶、半杯凶酒，玉果、桂皮、丁香照口味拌和后，加鸡蛋八个（打好的）调和，起舞，用布包之，煮六七点钟，吃时用奶油、糖、酒做小汤同吃。若要烘这个朴定，多加些牛奶。

① 劈格内朴定：桃子布丁。
② 朴兰朴定：干葡萄布丁。

一三九、平果汤包子

不论平果、花红，去皮核。一斤白面、半斤奶油，拌和做成面块，包平果在内，像小馒头大，做完后，用布包起来煮，若不煮，可装在盆内烘。吃时，用奶油、糖做成小汤，同吃。樱桃、生梨、木瓜、桃等果，均可照此做法。

一四〇、法兰西朴定

一斤半牛奶、九大匙白面、八个鸡蛋，将鸡蛋打到极厚时，慢慢加白面、牛奶。做好以后，倒在两三个擦油杯内，烘熟后，倒于盆内，同不论什么甜小汤吃。

一四一、煮饭朴定

拿一斤半米洗净，拣净的葡萄干，拌匀，用布宽包，下水煮，水内加点盐，同甜小汤吃。

一四二、煮包米面朴定

一大杯包米面、一大杯白面、二两奶油，把这三样拌起来，加牛奶和成厚粥，再加盐一点，打上四个鸡蛋。把朴定袋洗净，里面抹上白面，把朴定倒于袋内，绑的时候要宽大，煮两点钟，与奶油、糖浆同吃。

一四三、煮朴定

牛奶一斤、鸡蛋八个、白面十二大匙、盐一小匙。把鸡蛋打厚，加入白面，以后慢慢一匙一匙加上牛奶。将朴定袋洗净，袋里面抹上白面，放于袋内，宽绑袋口，滚水煮两点钟，取出来，用冷水浸一浸，乘热同甜小汤吃。

一四四、地蛋朴定

八个大地蛋，煮熟，打碎，就热加四两奶油、半杯牛奶，再拿四个鸡蛋，打好，调和在内，加白面、一点盐，调成厚粥，照前法煮吃（大地蛋是洋地蛋，若中国的必用十六个）。

一四五、喇嗯嗒朴定①

二斤半牛奶，烧热，倒于一斤馒头屑上，加二两奶油、四两白糖、一个刨好的桔皮、十二个打好的鸡蛋，拌和，倒于朴定盆内。盆内加开水，水干再加水，朴定发厚即好，与甜小汤同吃。

一四六、馒头朴定

一斤牛奶，烧滚，倒于十二两馒头屑，又半斤糖、四两奶油，调和在内，冷后加打好鸡蛋五个，照口味加香料、香

---

① 喇嗯嗒朴定：吉士布丁。喇嗯嗒，音译词。

水，装于朴定盆内烘。

一四七、花红喇嗯嗒①

拿七八个平果，或是花红，去皮、核，烘，熟后装于朴定盆内，筛上②白糖。八个鸡蛋打好，四大匙糖，不足一斤牛奶，拿这三样做喇嗯嗒，倒于平果朴定盆内，烘半点钟。

一四八、珍珠米

（即包米）

拿十二穗嫩包米铇好，去棒，三杯牛奶、四个打好的鸡蛋、一杯半糖，拌和，烘三点钟。

一四九、碎穀朴定

用六大匙碎穀，凉水浸二点钟，用一斤牛奶，烧熟，碎穀加四大匙奶油、六大匙糖、八个打好的鸡蛋黄、半斤葡萄干、拣净香料、橙汁照口味加，烘三刻时候。□③若不用葡萄干、香料、橙汁，可少用奶油，病人亦可吃。

---

① 花红喇嗯嗒：苹果吉士。

② 筛上：撒上。

③ □：此字不详。

一五〇、阿萝萝^①朴定

六大匙阿萝萝，一杯牛奶拌和，又用二杯牛奶烧滚。调和阿萝萝在内，冷后，加六个蛋黄、四两糖，打好。再加六个蛋白，调和，装朴定盆内，烘一点钟。做外国包米小粉，亦照此法（阿萝萝即藕粉）。

一五一、哒吡沤格朴定

拿八大匙哒吡沤格，于冷水内浸一点钟，加一斤牛奶，烧熟。冷时，加两大匙奶油、五个打好的鸡蛋、三大匙糖，香料、酒照口味，装于朴定盆内，烘。

二法（即无蛋朴定）：拿一杯哒吡沤格、一小匙盐、三杯冷水，浸五点钟。预备几个平果（去皮、核），装于朴定盆内。平果孔内装满了糖、香料，加一杯水，烘。熟后，把哒吡沤格倒在上面，再烘一点钟。此朴定不论什么水果均可用，不用哒吡沤格，可用碎毂。不论什么朴定，虽不讲盐^②，加一点盐更妙。

一五二、亚利米泼脯^③

两杯热牛奶，加二两奶油，冷时，加四个打好鸡蛋黄、一斤白面，装在大碗内，扒一个窝，牛奶内加一小匙盐，慢

---

① 阿萝萝：音译词，藕粉。

② 虽不讲盐：意为虽然应该不放盐。

③ 亚利米泼脯：德国炸蛋球。

慢倒上，再把四个蛋白打厚，加上。预备几个小碗擦油，把以上调和之物倒于小碗内，烘熟后，放在盆内，就热同奶油、糖浆吃。

一五三、油炸弗拉脱 [①]
（即油炸果子）

拿四个鸡蛋，分开蛋黄、蛋白，打好，黄内加三杯牛奶。用一斤白面，放于大碗内，把蛋黄倒于面内，拌和后，加盐。又把打好的蛋白加在内。鳌盆内备滚猪油，把弗拉脱一匙一匙放于鳌盆内炸。加糖浆吃。包米面，亦可照这样作，十两包米面、六两白面。

一五四、馒头弗拉脱

预备三杯甜牛奶（即牛奶内加糖），加六个鸡蛋打好，拌和，把馒头切成片，浸在牛奶内，等馒头吃 [②] 完其汤，用滚油炸。

一五五、蛋衣

白面一斤，加打好的鸡蛋四个，用牛奶调成奶皮厚，必要调光。鳌盆内预备奶油（如枣大），盆热加一大匙调好的面，摊满鳌盆底，好一面，翻过来。加糖浆热吃。

---

① 弗拉脱：音译词。

② 吃：指"吸"。

甜汤

一五六、甜小汤

六大匙白糖、四大匙奶油，调和，加二大匙葡萄酒，香料、香水照口味。要用时，加十大匙开水。此汤不论合什么朴定，可以同吃。

一五七、甜小汤二法

一杯水，加桔皮（或橙皮，或桃叶），滚后取出，加面撏^①子二大匙，倒于开水内搅和，再滚，又加一杯糖，再滚，离火，又加二大匙奶油、一酒杯葡萄酒。

一五八、甜小汤三法

二两奶油、二大匙白面，拌和，加一小杯滚水，烧滚三分时候，加四两糖、一大杯葡萄酒，再加一个铇好的玉果。

一五九、甜小酱

二大匙奶油、八大匙糖，调成白色，加酒、香料，照口味。

---

① 撏（qiān）：古同"牵"。

一六十、鸡蛋喇嗯嗒

一大匙白面，加一点牛奶，调和。拿一斤牛奶烧滚，把面调在内，滚二三分时候，离火，加一两奶油、六两糖。冷时，加打好的鸡蛋六个，调和起来，加桔皮末，倒于铺面排盆内，上面撒一些玉果末，烘。

一六一、冰冻喇嗯嗒

二斤半牛奶、二斤半糖、十二个打好的鸡蛋，调和，放于洋铁器内。又把洋铁器下在大铁礶内，加滚水煮，常搅和，不停，等到厚时，取出来。冷时，加一斤奶皮、一些香水，若是没有冻冷器具，可用洋铁筒装之，必要有盖，盖严。大木筒内，装一半碎冰，加一半盐，把洋铁筒放在冰内，四外用冰盐培起来，把洋铁筒磨摇三刻时候，或一点钟。磨摇时，搅和三次，候冷成冻。若不吃，用冰培之。

一六二、冰冻喇嗯嗒第二法

二斤牛奶烧滚，加三大匙阿萝萝、一斤白糖，离火，加打好的鸡蛋八个，一些香水。冷时，照前法，用冰冻起来。

一六三、冰冻水果

照第一冰冻喇嗯嗒作法。不论何果，必用熟的，若不熟，煮熟再用。打碎拌于喇嗯嗒内，用漏子过出来，加糖

（要极甜），用冰冻成。

一六四、牛奶酱

一斤牛奶，加糖，烧时加打好的蛋黄四个，调和后，再加打好的蛋白四个，再调，滚到厚即好。加香水，等冷时，加煮熟的水果同吃。

一六五、蛤拉路丝[①]

一杯牛奶、四两糖、四个打好的蛋黄，烧五分时候，取出。拿一两洋菜加两杯水，烧到一半，用罗过出来，拌于奶内。再用一小杯奶皮打成白沫，加在内。预备一个大鸡蛋糕，把底切一寸厚，不要碎，挖去糕心，周围留约一寸厚。拿以上牛奶冻倒于鸡蛋糕洞内，再拿切下来的糕底盖之，用盘盛之，放在盐冰器内，约一点钟，铺上糖屑，做成白皮面。

一六六、弗拉米[②]

将蛋糕切成片，放于深玻璃盆内，用葡萄酒把糕溻湿，预备一个喇嗯嗒，冷时，倒在糕上吃。

① 蛤拉路丝：音译词，俄国水果奶油布丁。

② 弗拉米：音译词，法国酸冻奶蛋糕。

杂类

一六七、冻饼

用噯呋面做饼，像茶杯口大，擦上蛋白，撒白糖末，烘好。冷时，加一大匙水果冻。

一六八、桔子酱

八个香港桔子皮（铇好），放在凉水内浸一夜。次日加二十四个桔汁、两杯水、打好六个鸡蛋黄、十六个鸡蛋白。将桔汁连泡桔皮的水用绒布袋过出，和于鸡蛋内，放于铁礶内，烧。烧时，加白糖末（照各人口味以甜为度），发厚时，离火，搅和，等冷吃，或用冰冻之吃。橙子亦可照此做法。

一六九、面点心

六大匙白面，用牛奶和稀，倒于二大杯滚牛奶内，加盐、香水，倒于器内，冷时可吃。阿萝萝面、包儿米小粉均照这样做法。

一七〇、斩白糖①

一斤糖，慢火熬之。半两洋菜，化后加于糖内，又加半小匙格卖尔吡②。熬时常调和，加一点醋。不论何糖，均可照这样做法。加不论什么香水，做成长的方的圆的，亦可乘热加核桃、花生、芝麻，及红、蓝颜色。

一七一、糖食干

照做糖食的样式，做水果，即将水果蘸在斩白糖内，取出晒干。樱桃、葡萄，可不必做糖食，蘸斩白糖晒干。

第二法：拿糖食，蘸冰糖末，晒干。

一七二、糖宝塔

先预备斩白糖，用厚纸做成塔样，纸外擦满奶油，用热斩白糖擦于外面，亦可拿所做糖豆做花样。冷时把纸抽出，可罩无烟蜡烛，夜晚好看。

一七三、阿末来苏弗来③

八个鸡蛋，分开蛋黄、蛋白，二人打好。黄内加白糖末，成甜；加一些香水，把蛋白拌和，倒于洋铁圆盆内，入

① 斩白糖：糖果。

② 格卖尔吡：音译词，香料。

③ 阿末来苏弗来：音译词，蛋奶酥。

炉烘。看见发起来，用大匙堆成塔样，一共约烘四五分时候，就吃。

一七四、雪裹白[1]

一个橙汁连铇好了的皮、四杯白酒、四两白糖，拌匀。等三点钟，加两杯奶皮，两个打好的鸡蛋白，调和成像（蛋白沫）。

一七五、浮海岛[2]

斤半牛奶，加糖成甜，加一点酒，放于深玻璃盆内。打好六个鸡蛋白、半斤白糖，渐调于蛋白内，加一些糖冻，成淡红色，用大匙，把蛋白放在牛奶盆中，浮面。

一七六、煮喇嗯嗒[3]

一斤牛奶烧热，八个鸡蛋打好，加五大匙糖。牛奶离火时，把蛋黄调在内，再放炉上，一调和，不要滚，一滚不好。冷时加香水，照口味，盛在几个玻璃杯内。又把蛋白打好，加上开水，不搅和，等冷时，把蛋白加玻璃杯内。另加玉果末，撒在上面。

---

[1] 雪裹白：奶油葡萄酒奶汽水。

[2] 浮海岛：甜品。

[3] 煮喇嗯嗒：煮吉士。

一七七、烘喇嗯嗒

照前法，不用蛋白，入炉烘。

馒头类
（附饼）

一七八、馒头酵

五个大地蛋，去皮，煮熟，外用一摄酵花①加二杯水，煮之。把地蛋打碎，过罗。两杯地蛋汤、两杯酵花汤、一匙盐、一大匙黄糖②，倒于地蛋上。温和时，加一杯旧酵③，用两杯白面调之，放于暖处，可以发成酵。

一七九、地蛋酵

六个地蛋，煮熟，打碎，加半杯白面，拌和在内。加二小匙盐，热水，做成厚粥。温和时，加一杯酒酵④，放于热处，等发起来，装瓶封口。

一八〇、花酵

半杯酵花、六杯水，煮半点，滚时，取出三杯水，浇在九大匙面内，拌起来，再加那二杯煮酵花的水、一匙盐、半杯糖浆、一杯旧酵，放在热处，等发成酵。

---

① 酵花：我国原用槐花。

② 黄据：红糖。

③ 旧酵：疑应为"酒酵"。下同。

④ 酒酵：酒酿。

一八一、硬酵

将做好的酵子，加包米面，调厚做成小饼，晒干。

一八二、酒酵馒头

三十二杯白面、二斤半牛奶、一大匙盐、一小杯酒酵。拿面过罗，把面当中扒一个窝，倒上一半牛奶，再加盐、酵，调和后，再加一半牛奶，用手调半点钟。调好，放暖处，过两点钟，等发起来，入炉，烘之。

一八三、花酵馒头

八杯重罗白面，中间扒一个窝，加半杯花酵，又加温水拌和，像厚粥，用热手巾盖之，放于热处。等发起来，大约三五点钟才好。发酵后，再加两小匙盐、一些白面，用手揉，要软硬合式，揉半点钟后，装于器内，等再发起来，烘。地蛋酵做馒头，亦照这样，地蛋酵，只要多加一些。

一八四、唏哒馒头

六杯重罗白面，加二匙酸酵，调匀。拿一小匙唏哒，化在半杯热水内，把唏哒水倒于两杯牛奶内，加半小匙盐，倒于面内，快快揉成，即烘。照这样，加半杯奶油，可做最好的小馒头。

一八五、麸皮馒头

一斤牛奶、一小匙盐、一小匙唏哒、一杯黄糖，加麸面，揉好，烘（麸面不论多少能做成一块即好）。

一八六、地蛋馒头

八个大地蛋，去皮，煮熟后，用两杯热汤，倒于一杯白面调和；把地蛋打碎，过罗，加在内，再加白面做成厚粥。温后，加半杯酵，等发酵一夜，早晨加二杯热牛奶调和，再加白面揉好，见有泡起，不可等冷，能快发酵。不论做什么馒头，越软越好，不要太硬。

一八七、甜馒头

照前法发酵一夜，加糖、奶油、打好的鸡蛋两个，调和，再加面做成厚粥，等发酵后，再加面，做小馒头，等发酵，烘。

一八八、法国小馒头

一斤温和牛奶、一小匙盐、一大杯酵，加面，做成厚粥。等发酵，再加一个打好的鸡蛋、二大匙奶油，加面，揉好。等再发酵，用赶杖赶薄，切成条辫好烘。

一八九、咸小馒头

两杯滚牛奶，倒于一杯面内，温时加一杯酵、半小匙盐。发酵后，加不足一小匙唽哒、两个打好的鸡蛋、一大匙奶油，再加面，揉好，做小馒头，等一刻时候，烘。

饼

一九〇、唭哒饼

三斤重罗白面、十二两奶油、十二两糖，拌起来。拿一斤热牛奶，加一小匙唭哒，等化后，加于面内，拌匀，在面板上揉成，赶三分厚，做小饼。

一九一、酸奶饼

半斤酸牛奶、二小匙盐，用四大匙热水，化二小匙唭哒在内，调面，再加一些熟猪油、白面，做成小饼，烘。

一九二、酸馒头饼

做馒头时，发酵后，若有酸味，把唭哒化于热水内，加于酵面内（若酸味轻，加唭哒亦少）。拿所化的唭哒拌和，做成小饼，烘。若要知发酸味，必先擘开发面，闻一闻，面味冲鼻，即是酸了。不论什么馒头，不要发酵太松，若松无味。烘好了馒头，撤器，不可平放于桌，把馒头放洋铁箱内，盖好。吃剩下的馒头，可以留之做朴定。再有，馒头屑烘黄、研细，留之能有许多用处。

一九三、荞面饼

八杯荞麦面，加温水调和像稀粥。打好后，加二大匙酵、二大匙糖，放于热处，等一夜。等发酵，吃早饭，预备一个鏊盆，擦一些猪油，用大匙面，倒在鏊盆，煎吃。

一九四、荞面饼第二法

六杯荞麦面，热水化一小匙唭哒（拿滚水）倒于荞麦面内，调成稀粥。拿二小匙酸酵化于热水内，加上，用鏊盆，照前法煎吃。

一九五、麸皮饼

八杯麸面、一小匙盐，一小匙唭哒化于牛奶内，将牛奶倒于面内，调成粥，加三大匙糖浆，亦照前法做。

一九六、饭小饼

三杯冷饭，浸于二杯冷水内，一夜。早晨加一斤牛奶、六杯白面、两个打好的鸡蛋、一小匙盐，热水化半小匙唭哒，拌和，亦照前法煎。不用饭，亦可用馒头屑。

一九七、酵子华脯[①]

八杯白面，一小匙盐，一斤牛奶，一大匙奶油。白面连奶慢慢拌和，不要成块，和成厚粥，加半大杯酵，等发起来，加两个鸡蛋，拌和。用华脯铁剪盆烘①。擦油在器，加面，烘，约烘二分时候，翻过来，再烘，趁热吃。

一九八、无酵华脯

八杯白面、一小匙盐、二大匙奶油、一斤酸牛奶、五个打好的鸡蛋，一小匙唭哒用热水化开，拌和，烘。牛奶若不酸，可加二小匙酸酵，照前法烘。

一九九、饭华脯

一大杯冷饭，用牛奶半斤，浸饭三点钟，再加半杯牛奶、三杯白面（或用米面）、三个打好鸡蛋、一小匙盐，拌和，烘。

二〇〇、面饼

两杯牛奶、一小匙盐、一小匙糖浆、一大匙奶油、一个打好的鸡蛋、四大匙酵，加白面，和成厚粥。发酵后，加一小匙唭哒，用开水拌和，装于沫②粉杯里，烘。不论什么厚粥，或包米粥，冷后切片，煎之可吃。

---

① 剪盆烘：一种用圆形铁板制成上下两块扇面样，前端有手把；末端有支点，能像剪刀那样开合的烘具。

② 沫：同"末"。下同。

二〇一、面落饼

二杯牛奶（有奶皮在上）、三个打好的鸡蛋、一小匙盐，加白面，拌成厚粥，一匙一匙倒于洋铁器内，烘。

二〇二、酸奶包米饼

一斤酸牛奶（或牛奶清）、一小匙盐。将包米面和于奶内，和成厚粥，发酸一夜。清早，用热水化一中匙唭哒，快快拌和，装于小碗，烘。牛奶若不酸，加一大匙醋。

二〇三、包米沫粉

两杯重罗包米面、半小匙盐、二大匙熟猪油，一小匙唭哒用二大匙热水化开，加酸牛奶，和成厚粥，装于沫粉圈内，烘。

二〇四、面沫粉

二杯牛奶、二个打好的鸡蛋、一大匙酵、一小匙盐，加白面，和成厚粥，等发酵四五点钟，装于沫粉圈内，烘。若用麸皮面，再加二大匙糖浆。

第二法：三杯发酵面、四大匙奶油、三个打好的鸡蛋，加一杯糖，调和在内装沫粉圈内，烘。不用糖亦好。

二〇五、包米馒头

二杯包米面、一小匙盐、二大匙猪油、二大匙奶皮，加牛奶，和成稀粥，放于洋铁盘内，烘。

二〇六、撒拉冷 [①]

半杯奶油，合二杯牛奶，烧热，七杯重罗白面、一小匙盐、三个打好的鸡蛋、四大匙酵，拌和，放于洋铁器内，等发酵后，入炉，烘。

二〇七、奶皮饼

八杯白面、一小匙盐、二杯酸奶、半杯化奶油，半小匙唰哒一大匙热水化开，拌和后，装于小杯内，烘。

二〇八、鸡蛋卷 [②]

二大匙白糖、二大匙奶油、一个打好的鸡蛋、一杯白面、一些香水，加牛奶，和成厚粥，放于烘鸡蛋卷器内，烘。烘好，卷起来，撒白糖在上。

二〇九、绒饼

一斤牛奶、半小匙盐、三个鸡蛋，黄、白分开，打好，

---

① 撒拉冷：一种咸饼。

② 鸡蛋卷：今为威化饼。

加白面，拌和成粥①，要煎的时候，加蛋白，调和。

二一〇、四家泼脯

二杯滚牛奶，先取出一杯，调面于内，成粥，加于滚牛奶内。熬厚离火，加六个打好的鸡蛋，一个一个加上。加一小匙盐、一大匙奶油，一匙一匙放到热油内，炸。熟后，撒白糖、香料在上。

二一一、奶皮小饼

二杯厚奶皮、二杯牛奶、三个鸡蛋、一小匙盐，加面，成粥，一匙一匙煎。

二一二、格轮泼脯②

一斤热奶、一小匙盐、二大匙酵，加白面，调成稀粥，发酵后，加半杯奶油，等二十分时候，装小杯内，烘。

---

① 粥：按文义，白面只拌和蛋黄。

② 格轮泼脯：松脆煎饼。

糕类

二一三、平屋糕

一杯黄糖、二大匙奶油，拌和成白。加三个打好的鸡蛋、一些玉果末、一大杯桔汁、二杯白面、二小匙酸酵、一杯牛奶，加一小匙唭哒化开，一总拌和，以后加牛奶、唭哒，打好了，放于洋铁碗内，烘。

二一四、斤糕

一斤糖、一斤白面、半斤奶油、九个鸡蛋、一个玉果末、一大匙凶酒。先将奶油与糖调和成白，把蛋黄打好，加在内，再加玉果末、白面，调和，再加打好蛋白，后加白面，拌和。调好后，加酒，慢火烘。烘好加糖末，刷白。

又，鸡蛋糕：五个鸡蛋、一小杯糖、一杯白面，先将蛋黄打好，加上，调和；又拿蛋白打好，和上，不论什么香水加面，即烘。不要慢火，比烘斤糕要快些。不论做什么糕，先要将蛋白、蛋黄分开，打到顶好。

二一五、金钱姜饼

二斤半白面、一斤奶油，拌和一处。先加二两姜末、二两香料。热水化半小匙唭哒，加在八杯糖浆内，再加一中匙醋，调起面来，揉半点钟，赶半寸厚，做金钱大小，烘。

二一六、姜糕

二杯糖浆、二斤奶油、二杯牛奶，照前拌和，赶约一寸厚，切成条，盘起来，或辫①起来，烘。

二一七、姜饼

一杯糖浆、半杯糖、半杯奶油、化开一小匙唭哒（用半杯热水化）、二大匙姜末，调和揉好，做小饼，烘。

二一八、姜松糕

一杯酸牛奶、一杯糖浆、半杯奶油、两个打好的鸡蛋、一小匙唭哒（用二匙热水化开）、一大匙姜末。先把奶油、糖浆、姜，烧热，拌和，加白面等物，调成厚粥，放于洋铁器内，烘。

二一九、毛糕

三杯发酵面、二杯糖、三个打好的鸡蛋、一杯奶油、半杯热牛奶、一小匙唭哒（用二匙热开水化开），把唭哒加于牛奶内，鸡蛋、奶油、糖，拌和，揉好。要烘时，加一个橙汁，若无橙汁，可加一大匙醋，然后烘。

---

① 辫：意为编成辫状。下同。

二二〇、西达^①糕

一杯奶油、三杯糖、二杯重罗白面、一小匙唭哒（用半大匙热水化开）、一个玉果末、半杯牛奶、一杯西达（即平果汁），拌和后，加四杯白面，揉好，烘。

二二一、奶皮糕

四杯白面、三杯糖、一杯奶油、二杯酸奶皮、二小匙唭哒（甩二大匙冷水化开）、一小匙橙汁、半个玉果末。先将奶油、白面拌和，中间扒一个窝，把以上作料加在内，打好后，放于洋铁碗内，烘。

二二二、馒头糕

三杯发酵面、三杯糖、一杯奶油、三个打好的鸡蛋、一个玉果末、一小匙唭哒（用热水化开）、预备好葡萄干。先把奶油糖调匀，加上鸡蛋、香料，再加馒头面，好好拌和，打好，放洋铁碗内，等发酵半点钟，烘。

二二三、托纳炽^②

十二两奶油、一斤十二两糖，照口味，加面调像馒头面厚，放于热处。发酵后赶半寸厚，切为棋子块，用滚油炸。

---

① 西达：音译词。

② 托纳炽：音译词，油炸孔饼。

二二四、山托纳炽 ^①

一杯酸牛奶、二杯糖、一杯奶油、四个打好的鸡蛋、一个玉果末、二小匙唭哒（用热水化开），加白面，拌和，调成面团，赶半寸厚，做大钱样，中间挖透一孔，用滚油炸。

二二五、茶饼

二杯糖加上一杯奶油，拌起来，一杯牛奶、二个打好的鸡蛋、一小匙唭哒（热水化开）调成面块，赶三分厚，切成小饼，烘^②。

第二法：奶油十二两、糖一斤十二两。这两样放于一处，搅成白色，加牛奶二小杯、唭哒二小匙，再加打好的鸡蛋三个、香料，照口味加上，用白面调成块，做小饼，五分厚，入炉烘之。

二二六、奶皮糕

奶油一杯、白面四杯、热水四杯，和起来，等冷后，加鸡蛋十个。若白面不足，再加上点面，调成厚粥，用洋铁一块，擦奶油，将以上材料，做像杯大，放于铁上，烘之。烘熟擘开，放一点唎嗯嗒在内。

---

① 山托纳织：音译词。

② 切成小饼，烘：原文缺面粉用量，按文义，加面粉至能拌成面团即可。

二二七、滴饼

白面二斤、奶油一斤、糖一斤，三样和匀，加鸡蛋三个、番葡萄一斤、葡萄酒一小杯、香水二小匙，共调一处，用匙挑起，滴在洋铁上，烘。

二二八、陋弗^①糕

白面二斤、奶油四两、糖十二两，三样和匀，加温牛奶二杯、酵子一杯、鸡蛋三个、葡萄干一斤、葡萄酒一杯、肉蔻一个，共拌和一处，放于器内，等发一夜，入炉，烘一点半钟。

二二九、玩饼

鸡蛋黄四个、糖半斤，将此二样打好，加白面半斤，又加先打的蛋白四个，再加香水一点，放于广铁^②杯内，烘。

二三〇、酒糕

糖六两、葡萄酒二杯，此二样熬热，加鸡蛋六个、白面四两，共和一处打好，用极热炉烘之。

---

① 陋弗：音译词。按英文原义，为面包或糖。按：成品可译为提子（即葡萄干）饼。

② 广铁：薄铁。

二三一、弗兰西饼

白面六斤、奶三杯、奶油六两、糖一大杯、盐一小匙、鸡蛋六个、酵子一杯，调和好，等发酵，做小饼，烘。

二三二、黑糕

糖一斤、奶油十二两、白面一斤、鸡蛋十二个、预备好的葡萄干二斤、番葡萄干二斤、西藤半斤、桂皮切碎二钱半、肉蔻二钱半、丁香二钱半（俱研碎），葡萄酒一小杯、凶酒一小杯。做此物，先拿糖，合奶油调好，再加鸡蛋，以后再加面。要烘的时候，再加其余的作料，用广铁深盘二个，四周连底，铺白纸，擦奶油，烘四点钟。

二三三、金糕

白面一斤、糖一斤、奶油十两、鸡蛋黄十四个、香水一大匙。先拿糖、奶油，调成白色，后加鸡蛋黄、白面，再用一点热水化𠯢哒一小匙，加于一处。用浅广铁盘烘之。烘熟用刀割方块。

二三四、银糕

糖一斤、奶油六两，调成白色，后加蛋白十四个、白面十二两，加一点美嘶①，烘。

————————

① 美嘶（sī）：原文如此，何物不详。

二三五、客勒斯[①]

奶油一杯、糖二杯，调和起来，加鸡蛋四个，后加白面五杯，再加一点香水，一个肉蔻，赶成五分厚，割条，辫成，用滚油炸之。

二三六、来门糕[②]

糖一斤、奶油十两，调匀，加鸡蛋七个、白面一斤、橙子连皮两个、番葡萄半斤，分作两个，烘。

二三七、来门饼

白糖二大匙、白面一大匙、橙皮三个、打好的鸡蛋白一个，预备白纸，擦奶油，滴上，烘。

二三八、冻糕

糖半斤、奶油六两，调匀，加鸡蛋八个、白面一斤、橙子一个（连皮带水），做成稀粥，摊作二分厚薄饼，放广铁盘底，烘。烘好凉后，再加水果冻，一层冻，一层糕，加至极厚。

二三九、糖滴

奶油十二大匙、糖二十四大匙，调起来，后加鸡蛋三

---

① 客勒斯：炸面条。

② 来门糕：柠檬糕。

个、白面二杯、肉蔻半个做好，滴于广铁上，烘。

二四〇、笨似 ①

奶油十二两、糖一斤、白面三斤，调起来，加发成的馒头面四杯，加牛奶至面软为度。晚上做好，至次日，用手搓面，做小饼五分厚，放在广铁上，等发起来，烘。烘好，撒一点白糖在上面。

二四一、瓦寻屯糕 ②

糖一斤、奶油十两、奶皮一酒杯，三样调匀，加白面六两、打好的鸡蛋十个加上，再加白面十四两，桂皮、丁香共一小匙，肉蔻一个、葡萄干一斤、番葡萄一斤，调和起来，烘。

二四二、番葡萄饼

白面二斤半、糖一斤四两、奶油十二两、番葡萄四两，这四样调匀，后加牛奶一杯、香水一点、唽哒二小匙（热水化开），搓光，赶五分厚，割成小饼，刷水，撒糖在上面，烘。

---

① 笨似：音译词，似小面包。

② 瓦寻屯糕：也译为"华盛顿糕"，双葡萄饼。瓦寻屯，音译词。

二四三、抹佛勒嘶①

奶油一杯、糖一杯，调起来，加鸡蛋三个、奶一酒杯、嘶哒一小匙（化于奶内）、桂皮半小匙，加白面调成块，赶三分厚，割条，辫起来，用滚油炸。

二四四、信不嘶②

奶油十两、糖一斤、鸡蛋四个、白面一斤四两、香水一点，搓条，蟠圆圈，中留一孔，烘好，撒一点糖在上。

二四五、味乏③

奶皮二两、白面半斤、糖半斤、香水一点，若是太厚，再加一点奶，用做味乏器，擦一点奶油，烤热，烘之。烘好，乘热卷起来，撒一点糖。

二四六、香料糕

糖一斤、奶油半斤，调起来，加鸡蛋十个、白面十四两、凶酒一酒杯、桂皮一小匙、肉葱一小匙、丁香一小匙、美嘶一小匙，兑和起来，烘。

---

① 抹佛勒嘶：音译词，炸面条。

② 信不嘶：音译词，烘饼。

③ 味乏：音译词，威士薄饼。

二四七、糖皮

鸡蛋白打起来（等能站起来为度①），白糖研碎、过罗，慢慢加于蛋白内，再加香水一点，每蛋加白糖二两。不论什么糕，凉好了，用水浸刀墁糖皮在上②，天旱，糖少一点。

第二法：蛋白一个、粉团一小匙、白糖九小匙，加香水一点，照前做成（以上各样糕，鸡蛋白、鸡蛋黄分开打起来，蛋白打到能站起来，蛋黄打到成沫为度）。

---

① 等能站起来为度：意为等到鸡蛋白打至能立起来就合适了。

② 用水浸刀墁（màn）糖皮在上：用水湿过的刀，取糖皮蒙在糕面上。墁，蒙。

杂类

二四八、姜酒

老姜十一两，下于十斤水内，煮完姜后，再加五十斤水、十斤糖、九两橙汁、半斤蜂蜜、六杯引子，拌起来，等凉透过罗，等四天发起来，装玻璃瓶内，封好。

二四九、桔汤

桔子十二个取汁，开水二杯，浇在皮上，等半点钟。外用水二杯、糖一斤，熬好。把以上桔汁，连泡桔皮的水，共加一处，过罗，凉透，成冻（有用冰浸之成凉的，有用冰浸凉即喝的）。

二五〇、假仙品汤①

一个橙子割碎，一两姜末、一斤半糖、二大匙酸糕、十六斤开水，倒在一处。等温时，加一杯引子，放于日头地，晒一天，晚上装瓶内，封瓶口，用铁线扎好，两天后好吃。

---

① 假仙品汤：兑橙汁。

二五一、磕肥 ①

猛火烘磕肥，勤铲动，勿令其焦黑。烘好，乘热加奶油一点，装于有盖之瓶内，盖好。要用时，现轧。两大匙磕肥一个鸡蛋，连皮②下于磕肥内，调和起来，炖十分时候，再加热水二杯，一离火，加凉水半杯，稳放不要动。

二五二、鸡蛋茶

鸡蛋黄一个、糖一大匙，打好，再加一杯凉茶，或是一杯凉磕肥，再加半杯开水，半杯奶皮；再把蛋白打好，和在内。

二五三、花红茶

将花红切碎，用开水冲起来，等凉透，把水滗③出，加香水、糖各一点，饮。

二五四、酒会

两杯滚牛奶、两酒杯葡萄酒，先把牛奶滚起来，再加酒，再烧滚，清、浑两分，清的叫会，用会加糖，饮。

---

① 磕肥：音译词，咖啡。

② 连皮：文意不清，疑为蛋清。

③ 滗（bì）：挡住渣滓或泡着的东西，将液体倒出。

二五五、抹勒酒 [①]

两杯酒、两杯水，煎滚时，用鸡蛋八个，打好，拌和在内，再滚起来，就好。

二五六、知古辣 [②]

牛奶半斤，煎。知古辣两块，研碎，加一点牛奶，调在杯内；等牛奶滚起来，下知古辣，再滚起来，撒一点肉蔻末在内。

二五七、鸡菜

两只鸡，用咸水煮熟，凉透，割成小块；芹菜八根切好，拌起来；再用一小杯橄榄油、半杯芥末、八个煮硬的鸡蛋黄（砸碎）、一杯醋、一小匙辣椒面、一小匙盐，调和一处。要吃时，拌在鸡内。

二五八、封樱桃

把樱桃用水泡过来煮。煮熟加糖。二斤果子、一斤糖。预备玻璃瓶（或广铁器），用滚水洗净器具，把瓶放于热水内，乘樱桃滚热时，装于瓶内。将瓶口抹干，固封其口，乘热快封为妙，不要透气。次日，倒放其瓶，察看，若有一点

---

① 抹勒酒：烫酒。

② 知古辣：音译词，巧克力。

漏水处，就倒出，另做。

二五九、封杏

把熟杏剥皮、去核，每个切二三块，装广铁器内。一层杏，一层糖。若有硬的，另外煮熟。装满后，加一点凉水在内，不封口，放于有水的铁礶内煮。水滚时，杏就好了。器内杏必煞伏[①]下去，将另外煮的，装满起来，乘热固封其口。

二六〇、封桃

熟的，照封杏作法。硬的，照封樱桃做法。

二六一、封李子、奈子、葡萄等物

俱照封樱桃法作。

二六二、封杏与熟桃

剥皮，去核，割开，装于器内。一层糖，一层果，加凉水一点（即按二斤水果加一大匙水），装满时，叫铜匠把口钎严，不要透一点气。钎好，放于有凉水的铁礶内，慢慢煮，把装果器用石头压入水底下煮，水滚即好。这样调理的果子，无论何时都可吃，像鲜的一样。

---

① 煞伏：煞水去湿气。

二六三、封番柿

把番柿用滚水浇，剥皮，切片，煮，频搅和，不要粘锅。滚时，照做樱桃法装好（有用糖的，有不用糖的。若是用糖滚的时候加工）。

二六四、盐^①肉（猪肉、牛肉火腿）

水三十斤、红糖一斤、硝二两，若盐一个月，用盐六斤，若久盐，用盐九斤。以上四样，一处烧开，去上面浮沫，把肉放于筒内，等盐水凉后，亦倒于筒内。若要久盐，两个月一次，把盐汤倒出再烧。若是要熏，盐五六个礼拜，拿出来，挂于顶干地方，七八天再用烟熏，四五天熏一次。若在热天盐肉，先用盐擦在肉上，等二三点钟，血水流净，再下盐汤，不要肉露在汤外。

二六五、做火腿法

每只火腿用半两硝，或用半两唏哒、二大匙糖浆、三两盐。以上烧热，擦于火腿无皮处。等四天，预备盐汤（盐汤以能漂鸡蛋为度），下在盐汤内。等三个礼拜，拿出来，浸在甜水里六点钟，挂在干处八天。烟熏到火腿干时，用厚纸包好，不透风，作布袋装，麦糖为隔，再装火腿，不要纸与布相併。包好挂在干处，可用好几年。

---

① 盐：作"腌"解。

二六六、牛舌头、牛腿

俱照做火腿法。

二六七、哨碎集

牛肉、猪肉、火腿各一斤，切碎，照口味加香菜末、辣椒、胡椒面，调和一处，装于猪肠内，煮熟，晒干。

二六八、洗线衣法

拣清天[①]午前洗，用热水（可下手为度），白胰子化于水内，乘热洗好，拿到无胰子热水内，快洗出来。洗时用手对搓，不用在板上揉；不要久浸，要现洗现晒；不用扭干，只用对手挤干。晒时，要舒展开，不要留摺绉[②]。不等干，三四次用手舒展。干时不用烫，也不用洒水。若洗出来晒不干，遇阴雨，或至晚不干，即架于炉旁，烘干。

二六九、做洗衣胰子[③]法

外国顶凶的碱二斤（不凶的要用四斤）、水四十二斤，煮到碱化完，后加油六斤，再慢慢熬三四点钟，成功胰

---

① 清天：清澈的天空，这是指晴天。

② 摺（zhé）绉：褶皱。

③ 胰子：肥皂。

子①。若胰子未成，水消耗下去，再加上些水。熬成时，滴在水里试着，若沉底，就是成了。成功时，加一点盐，拿锅离火，冷透像糕，割开用（要用黄胰子，于此内加松香一斤，试看，煞时，油浮在上，再加一点碱）。

二七〇、做洗脸香胰②法

水、碱同前数。要用五斤好牛油、一斤橄榄油。初熬时，加香油，随意加之，照前熬法（若初次不成胰子，次日另熬，少什么照前法加上，若不用碱可用嘶哒代之，惟熬成时不用加盐）。

二七一、存嫩包米法

把嫩包米棒煮半热，用刀割下粒来，晒干装口袋，挂于干处，留到冬天吃（下雨的天，留心查看，潮湿即晒一晒，以免生虫）。

① 成功胰子：胰子做成功了。

② 香胰：香皂。

附：《造洋饭书》英文索引